LA VIE

ET

LE MOI

PAR

P. LEBLOIS

Docteur en médecine,

Membre de la Société de Médecine d'Angers.

ANGERS

IMP. GERMAIN & G. GRASSIN, RUE SAINT-LAUD, 83

SUCCESSEURS DE E. BARASSÉ.

1878

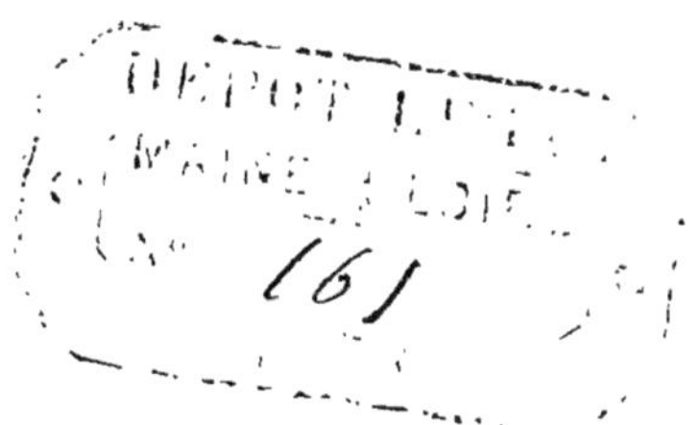

LA VIE

ET

LE MOI

PAR

P. LEBLOIS

Docteur en médecine,

Membre de la Société de Médecine d'Angers.

ANGERS

IMP. GERMAIN & G. GRASSIN, RUE SAINT-LAUD, 83

SUCCESSEURS DE E. BARASSÉ.

—

1876

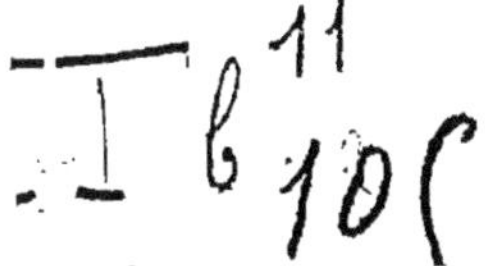

LA VIE

Et rerum causas et quid natura docebat.

(OVIDE.)

I

« Il n'y a que deux façons d'envisager
» les phénomènes de la vie, dit M. Bou-
» chut, l'une qui les rattache à un prin-
» cipe d'action qui en fait la *cause* de
» l'agrégat vivant quel qu'il soit, l'autre
» qui les considère comme un *effet* de
» l'organisation. »

Devant un tel jugement d'un tel maître, je ne me dissimule pas ce qu'il y a de témérité à émettre une tierce opinion. Mais puisque j'ai la présomption de ne pas rester indifférent à ce débat, la recherche du vrai ayant d'ailleurs des droits imprescriptibles, j'ai le devoir de dire les raisons pour lesquelles ni l'un ni l'autre terme de cette alternative n'a forcé ma conviction.

Au seuil de cette étude, il me sera permis de dire que la distinction habituellement faite entre le germe, et l'individu qui en provient, n'est pas justifiée. A partir de l'instant précis où un germe commence à vivre, jusqu'au moment où meurt l'individu quel qu'il soit, c'est un seul être, toujours le même, passant par diverses phases suivant l'espèce et suivant le règne, vivant successivement dans des milieux différents, selon l'âge. Par exemple, l'ovule humain fécondé, c'est l'homme à la période initiale, pouvant se développer et vivre jusqu'à cent ans, mais pouvant mourir, et mourant en effet, à tous les âges intermédiaires à ces deux dates, pouvant même ne pas vivre du tout, comme on le verra plus loin.

De même que le gland contient le chêne, ainsi l'ovule contient le vieillard, lequel a subi les métamorphoses successives de la vie ovulaire et embryonnaire, de la vie fœtale, de l'adolescence, etc.

Au terme de ces étapes l'homme diffère sensiblement : l'embryon, sous le quadruple rapport de la forme, du volume, du poids et de l'organisation, ne ressemble pas plus à l'ovule qu'au fœtus, le fœtus pas plus à l'homme mûr que l'enfant au vieillard.

Mais le développement s'opère d'une façon insensible, et le progrès d'un jour à l'autre n'est pas appréciable. C'est pourquoi, sinon au point de vue histologique, du moins au point de vue biologique l'on peut dire logiquement que le germe fécondé, ou mieux, le germe apte à vivre ne doit pas être abstrait de l'individu ; qu'au contraire il se confond avec lui à toutes les périodes de sa vie.

Or qu'est-ce qu'un germe ?

« Parmi les agents de la chimie vi-
» vante, dit M. Claude Bernard, le plus
» puissant, le plus merveilleux est l'œuf,
» la cellule ; la cellule primordiale qui
» contient le germe, principe organisa-
» teur de tout le corps. »

Mais ce principe, si subtil et si puissant qu'on le suppose, ne peut organiser ce qui n'existe pas, en d'autres termes, ne peut organiser quelque chose avec rien. Par conséquent il faudrait encore et de toute nécessité distinguer, dans la cellule primordiale, le principe organisateur d'un substratum organisable. Qu'elle le veuille ou non, la doctrine matérialiste implique un dualisme qui ne diffère de celui des vitalistes que par la matérialité du principe formateur.

Quel ? ce substratum.

D'après M. Bouchut « le germe n'a » rien d'actif par lui-même..... Il est » inerte et par conséquent sans puissance » évolutive, tant que le principe séminal » ne la lui aura pas communiquée. »

Assurément le séminalisme est une condition nécessaire de la vie pour certains êtres, mais non une condition suffisante ; et, dans ces termes, la question avance d'un pas sans être encore résolue. Car s'il est vrai qu'un ovule non fécondé est « condamné à la décomposition, » il n'est pas moins certain qu'un grand nombre de germes *séminalisés* sont morts-nés ou voués à l'inertie. En effet, sans compter que des ovules fécondés d'animaux vivipares ont pu et dû se perdre sans être retenus dans la matrice, les œufs d'oiseaux et les graines végétales sont incapables de vivre par le seul fait de la fécondation : l'exemple du blé trouvé dans les momies d'Egypte le prouve de reste. De tels germes possédent du moins une puissance évolutive, dit-on ; mais force et puissance ne se conçoivent pas autrement qu'en action. Par conséquent il leur faut un autre, ou d'autres éléments de vie. D'ailleurs si la séminalisation était une condition vitale essentielle, comment vivraient les sporules des végétaux cryptogames, et les bourgeons des zoophytes scissipares, chez lesquels le germe semble créé de toutes pièces par un seul facteur ?

Ainsi, l'élément séminal n'est pas le principe vivifiant du germe, il en est le complément, rien de plus. Et, pas plus qu'il n'est permis de scinder l'apport des deux facteurs, il n'est possible d'attribuer à l'un d'eux un rôle prépondérant. Egalement nécessaires l'un à l'autre, ils ne peuvent manquer d'exercer une influence combinée sur le futur produit. Réduite à cette proportion, la doctrine du séminalisme exprime un fait vrai et encore considérable. Est-il entré dans la pensée du Créateur, de multiplier par cet artifice, les chances de diversité dans les espèces ? Il semble légitime de le conclure, en constatant que tel est, en effet, le résultat de ce mode de génération.

Dans le germe ainsi complété, c'est-à-dire susceptible de vivre, ou mieux d'être fait vivre, le microscope ne voit qu'une cellule *amorphe !* Il ne peut entrer dans ma pensée de discuter les découvertes dues à ce merveilleux instrument. Arguant de ce qu'il n'a pu encore surprendre les germes d'infusoires, peut-être aurait-on, cependant, le droit de dire qu'il n'a donc pas qualité pour nier une forme parce qu'il ne la voit pas. Admettons toutefois qu'il a bien vu, et vu tout ; alors il a mal conclu ou s'est mal exprimé. Cellule amorphe est aussi étrange que cellule sans paroi, imaginé récemment. Cellule si l'on veut, elle a au moins forme de cellule. De plus elle est cellule organique ; car s'il est incontestable que de la matière inorganique ne peut donner naissance à un organisme, ou à de la matière organique, la proposition inverse s'impose avec la même autorité. Enfin la cellule germinale a quelque chose de spécifique que le microscope est impuissant à démontrer, mais dont témoigne lumineusement l'évolution particulière à chaque espèce.

Ce n'est pas, en effet, le séminalisme qui peut rendre compte de cette spécificité de développement ; autrement, un agent séminal quelconque opérerait indifféremment sur toutes les cellules germinales prétendues amorphes, de quelque provenance qu'elles fussent. Loin de cela, si la reproduction par deux facteurs assure la variété dans l'espèce, chacun sait, d'autre part, que l'extrême limitation de l'hybridisme, jointe à l'infécondité des hybrides, en garantit l'unité.

Je me crois donc en droit de conclure que le germe n'est pas de la matière amorphe ; qu'il est véritablement un organisme ; organisme élémentaire, fidèle image de celui dont il émane et qui a eu une pareille origine, réduction de l'être à sa plus simple expression, si je puis ainsi parler.

Cet organisme est d'ailleurs visible dans les graines des végétaux venues à maturité, c'est-à-dire au moment où, séparées de la plante-mère, elles devront vivre individuellement. Et si je ne le vois pas dans le germe animal, il m'est plus aisé de croire néanmoins à son existence, que de supposer à une molécule amorphe la propriété de former, ici un homme, là un éléphant, ailleurs une fourmi, sous l'impulsion et l'empire d'un principe vital que, à défaut de la connaissance de sa nature on est forcé d'identifier avec les phénomènes objectifs de la vie. Il faudrait donc compter autant de principes vitaux que d'espèces, voire autant que d'individus. N'est-ce pas vouloir ériger en principe d'action l'acte même ?

Si la doctrine du vitalisme ne présente pas l'unité et l'universalité qui sont l'essence d'un principe, je crois rencontrer ce double caractère dans le mode de génération des êtres vivants, et dans les conditions de l'entrée en vie des germes.

Pour ce qui a trait à la génération, la division admise me paraît un peu artificielle, et les quatre grands modes : segmentation, bourgeonnement, génération par spores, génération sexuelle, offrent des différences plus apparentes que réelles. En effet, segment, bourgeon, spore ou ovule, je vois un organisme qui se détache de l'organisme producteur alors qu'il peut vivre d'une vie indépendante, étant donnés les milieux appropriés, à cela près que le germe ovule a été procréé par le concours de deux facteurs.

Est-ce ici le lieu d'opposer l'uniformité des organismes asexués à la variété des êtres bisexués constatée plus haut? Toujours est-il que les êtres vivants semblent n'avoir d'autre rôle et d'autre but que de quintessencier, pour ainsi dire, leur propre substance en un nouvel être semblable à eux : la génération est un phénomène de nutrition et d'accroissement exagéré. Le rapport entre la nutrition et la génération, si manifeste dans les organismes inférieurs, chez lesquels la reproduction a lieu par scissiparité ou gemmiparité, est aussi intime chez les animaux supérieurs, comme l'a démontré Leukart.

En tout cas, le générateur n'abandonne pas le nouvel être avant le moment où celui-ci pourra vivre *proprio motu.* Chose digne de remarque en effet, la séparation s'opère à des phases de développement plus ou moins avancées, suivant le degré d'indépendance dans laquelle se trouvera le germe vis-à-vis de l'organisme-mère, selon qu'il devra, ou non, renouer avec lui des relations temporaires. Et, pour le dire en passant, le fait de certains germes engendrés à l'état d'organismes plus ou moins parfaits mais évidents, est une raison de plus qui autorise à conclure, par analogie, à l'organisation d'autres êtres engendrés à l'état d'ovules microscopiques.

Toutes ces observations, plus particulièrement afférentes au règne animal, s'appliquent néanmoins avec la même rigueur à la reproduction des végétaux.

Reste à comparer les conditions de l'entrée en vie des organismes à l'état de graine, si je puis ainsi dire, et à voir si elles ne se rattachent pas aussi à un principe unique.

Nous avons vu que leur puissance

évolutive ne les préservait pas toujours de la décomposition, ou bien pouvait rester indéfiniment lettre morte ; et nous ajoutions que par conséquent il fallait à cette puissance une puissance plus forte, en d'autres termes, un autre élément de vie. Pour les graines végétales pas n'est besoin de chercher loin cet élément : un peu de chaleur, un peu d'humidité, dans des limites déterminées, opèrent tous les jours le miracle de la vivification.

Une rigoureuse analyse démontre que l'ovule des animaux vivipares germe, c'est-à-dire entre en vie, dans des conditions absolument identiques. En effet, à partir de son énucléation de la vésicule de Graaf, l'organisme germinal chemine, isolé et libre, dans les parties génitales, plongé dans une chaude et humide atmosphère qui le vivifie aussitôt. Car l'ovule vit en réalité, avant de se greffer sur l'organisme qui l'a engendré, et avec lequel, ainsi que nous le disions plus haut, il va renouer des relations, dans lequel il va s'enraciner et puiser les matériaux de son développement.

Cette vie ovulaire a été constatée et

étudiée par Bischoff, Carus et Dumortier, Ch. Robin, Coste etc. Elle se traduit par des phénomènes de gemmation ou segmentation du vitellus. C'est à cet instant seulement, que se manifestent « la sensi» bilité obscure organique, indépendante » des nerfs, la faculté de se mouvoir sans » fibres et sans muscles, enfin une volonté » instinctive et irrésistible des formes à » construire, dans chaque espèce et dans » chaque organe des différentes espèces. »

Mais ces attributs, désignés par M. Bouchut sous les noms d'*impressibilité*, *autocinésie*, *promorphose*, ne sont pas antérieurs à l'organisation; ils sont concomitants; ils sont l'organisation même, en miniature et au début, m'apparaissant aussi merveilleuse dans la segmentation en deux d'une simple cellule, que dans l'assimilation d'un seul atome par les milliards de cellules qui constituent l'être adulte.

Au reste, il nous suffit de savoir que l'ovule fécondé vit individuellement, dans un organe avec lequel il a seulement des rapports de *contiguité*, et où il ne trouve d'autres éléments qu'un peu de mucosité humide et tiède, exactement comme une graine vit, avant d'avoir franchi les limites de son enveloppe. Nous savons en outre, que les œufs, en général, sont vivifiés au moyen de l'incubation, c'est-à-dire encore par la chaleur communiquée à l'humidité qu'ils ont en eux-mêmes.

Ainsi, nous voyons d'une part, des organismes incapables d'entrer en vie, ni spontanément, ni par la seule vertu d'un principe vital intrinsèque, et d'autre part, la chaleur et l'humidité combinées opérant ce miracle.

Nous ne prétendons pas ériger en principe de vie ces deux éléments; tout seuls ils sont à jamais incapables de créer les organismes qui la manifestent. Mais il n'en reste pas moins démontré qu'ils sont un facteur de la vie, facteur nécessaire, aussi indispensable que l'organisme lui-même; voilà pourquoi s'impose cette conclusion : A la période initiale, *la vie résulte de l'action réciproque des organismes à l'état germinal, et de la chaleur humide.*

Aussi la terre étant semée d'organismes, vivifiante elle-même, et baignant dans une atmosphère vivifiante, au sens littéral des mots, voyons-nous la vie fourmiller à sa surface. L'action de la chaleur humide n'est pas simplement catalytique; l'organisme ne peut s'en passer un seul instant, pendant toute la période d'incubation, sous peine de voir la vie cesser.

Ainsi envisagé, le principe de vie cesse de s'individualiser dans chaque être, et rentre tout naturellement dans le cadre des *forces*, dont le caractère essentiel est d'être universellement répandues dans l'espace.

Au terme de la période d'incubation, très-courte chez les vivipares, l'œuf retenu dans l'organe de la gestation, n'y a-t-il pas là une nouvelle réaction, véritable combinaison entre le germe et la muqueuse utérine? Le résultat immédiat de cette réaction, est l'implantation du nouvel être dans l'organisme-mère; implantation également active de la part des deux facteurs, celui-ci préparant le terrain, celui-là y puisant, et évoluant d'après des lois physiologiques déterminées. Dans le cours de cette seconde période, et jusqu'à ce que le fœtus soit suffisamment mûr pour une dernière réaction vitale, la scission entraînerait évidemment cessation de la vie. D'où nous inférons que là encore, le principe vital serait subordonné à l'action réciproque *permanente* des deux organismes.

Enfin, comme conséquence de son développement normal, le fœtus arrive à une troisième phase, retour à la vie isolée, laquelle se poursuivra définitivement indépendante, à la condition que de nouveaux éléments, plus complexes en raison du progrès de l'organisation, (*circumfusa, ingesta*) soient mis en rapport direct avec l'organisme. Qui ne sait, pour citer un exemple et le plus saisissant, que l'impression de l'air met aussitôt en jeu la fonction respiratoire du nouveau-né ?

En résumé, nous voyons aux différentes phases de l'existence, *la vie produite et entretenue par la réaction incessante d'organismes et de milieux spéciaux et essentiels.* (On voit quel sens élargi je donne à ce mot : milieux;

signifiant tout ce qui entoure, touche, pénètre, en un mot, impressionne d'une façon quelconque l'organisme et le fait réagir. Voilà pourquoi encore je suis tenté d'appliquer à ces éléments le nom de réactifs vitaux.)

Les organismes seuls, il est vrai, manifestent la vie; mais entre leur mise en présence des milieux, et l'apparition des phénomènes physiologiques, nous ne voyons rien, sinon Dieu qui a posé les lois d'après lesquelles l'accroissement des premiers se fait au moyen de combinaisons vitales avec les éléments des seconds, suivant des types spéciaux et toujours identiques, depuis la simple gemmation constatée à l'origine, jusqu'à l'admirable complexité du stade ultime.

Nous avons maintenant, si nous ne nous abusons, les éléments suffisants pour résoudre la question posée au début : La vie est-elle *cause* ou *effet* de l'organisation ?

Tout d'abord il faut distinguer entre *organisme* à l'état *statique*, et *organisation dynamique*.

L'état statique ou inerte est manifeste

dans les œufs d'oiseaux et les graines végétales. S'il n'a pas été constaté dans les germes des mammifères, il semble au moins possible, et il est permis de supposer qu'un ovule fécondé, recueilli avec soin et convenablement desséché puisse, réintégré dans la matrice, s'y développer normalement. La simple analogie n'établit-elle pas une forte présomption en faveur de cette hypothèse? L'état statique particulier au germe peut se retrouver dans l'être parvenu à un degré d'organisation plus avancé. Sans parler du repos des arbres pendant l'hiver, de l'hibernation des marmotes et des reptiles, des cas de mort apparente suivie de résurrection, qui offrent des exemples de stase organique relative, le rotifère de Spallanzani, en particulier, et les animalcules réviviscents, en général, présentent un état absolument statique, pareil à celui des organismes germinaux, s'ils viennent à être accidentellement privés de leur élément vital.

L'organisation, au contraire, se traduit par un dynamisme ininterrompu, par le développement de l'être, par un perpétuel mouvement de rénovation, par un constant travail d'assimilation et de désassimilation.

Une distinction radicale est donc justifiée entre ces deux phases, l'une inerte, l'autre d'une incessante activité.

Or les vitalistes ne peuvent prétendre que l'inertie du grain de blé trouvé dans les momies, et du rotifère desséché, soit la vie. Ils se contentent, en effet, d'affirmer que la vie y est en puissance. Qu'est-ce à dire? Ne puis-je pas, avec autant de raison, soutenir que la décomposition et la mort y sont également en puissance? En vérité, si la vie est effectivement divisible, elle est en *puissance* dans l'élément vivifiant, et en *acte* dans l'organisme vivifié.

La doctrine vitaliste ajoute qu'il suffit d'une goutte d'eau pour ranimer l'un, et faire produire à l'autre, après cinq mille ans de sommeil, du blé plus chargé de grains et plus grand que le nôtre. Il *suffit* soit, ce qui semble dire peu, mais il *faut*, ce qui en dit bien davantage. Et en fait, sans ce peu d'eau, vous ne pourriez jamais tirer ce grain de blé de son sommeil, qui durerait donc pendant l'éternité. Le réveil a lieu, ou, pour parler plus scientifiquement, la vie *est*, grâce au contact de la goutte d'eau.

Par contre, les matérialistes ne peuvent soutenir que l'organisme statique soit l'organisation. Il y a organisme dans le germe, je crois l'avoir démontré ; il y a même, dans les grosses graines, appareil visiblement et admirablement organisé, mais non organisant : pour l'animer il faut aussi le contact de la goutte d'eau. *Vie et organisation,* coïncidant rigoureusement avec ce contact, *sont donc absolument simultanées, inscindables, identiques.*

Le germe a été engendré à l'état d'organisme stable, par la vie organisante du générateur, dont c'était l'unique fin, comme nous l'avons vu déjà, et desquelles vie et organisation il a fait partie intégrante, jusqu'au moment de la scission qui l'a constitué individu. Veut-on remonter la chaîne des êtres jusqu'au premier anneau, force est bien de conclure une création primordiale des organismes et des milieux dans lesquels et par lesquels ils pussent évoluer, se développer, vivre enfin.

Ce serait ici le lieu de discuter la question de savoir à quelle phase de leur existence les Etres ont été créés ; si à l'état de germes, si en période de maturité. Mais la solution de cette difficulté, qui d'ailleurs est hors de notre portée, ne serait pas de nature à modifier notre conclusion. Car à quelque période que l'on considère l'être vivant, il représente toujours sa totalité originelle ou finale, dans la mesure de temps et dans les formes assignées par le Créateur, comme une génération quelconque se résume dans un ascendant, et est le résumé d'une plus nombreuse descendance.

Cette opinion s'éloigne également du matérialisme qui, douant le germe d'une sorte de faculté auto-plasmatique, fait dériver la vie de l'organisation ; et de la doctrine opposée qui, par horreur de celle-là, se jette dans un spiritualisme excessif, admettant une force rivale de la puissance créatrice de Dieu.

Qu'est-il, en effet, besoin d'invoquer, en dehors de cette puissance, un principe d'action hypothétique pour diriger *à son gré*, l'évolution morphologique des êtres vivants ? Pourquoi encore l'opposer aux lois physico-chimiques ? Et quelle conclusion prétend-on tirer de leur comparaison ? Une brisure de cristal se répare en vertu d'une loi physique ; un bras amputé de salamandre se régénère en vertu d'une loi vitale ; je vois ces deux lois juxtaposées dans la nature ; différentes, je le veux ; l'une plus complexe que l'autre, soit ; contradictoires ? Non. Le minéral procédant d'une molécule inorganique, l'être vivant procédant d'une molécule organique, il est aisé de comprendre que la genèse et la texture seront loin de se ressembler.

Quant à donner une définition essentielle de la vie, il ne nous paraît guère possible. Car la vie, résultant d'une réaction, est non un agent mais un acte. Or un acte se constate et ne se définit pas. Notre intelligence limitée ne connaît des phénomènes qui frappent nos sens, que d'une façon contingente ; nous inventons des mots pour abstraire et généraliser les choses ; mais si nous voulons définir les mots, nos descriptions devront être simplement descriptives, sous peine de n'être pas compréhensibles. Par exemple, combinaison, en chimie, est un mot qui résume dans ma pensée le fait de l'action réciproque de deux substances, l'une acide, l'autre basique, d'où résulte un composé. Mais la combinaison n'est, à proprement parler, ni la base, ni l'acide pris isolément, c'est tout cela en même temps. Et si j'entreprends une définition de ce mot, je n'en trouve pas de meilleure que celle-ci : formation d'un composé chimique par la réaction de deux substances acide et basique.

De même, la vie n'est ni le milieu vivifiant, ni l'appareil organique, ni son jeu fonctionnel, c'est tout cela à la fois ; et je la définirai : *le jeu fonctionnel produit et entretenu dans les organismes viables par l'influence continue des milieux vivifiants.*

II.

La notion de santé et de maladie découle naturellement de cette définition. En effet, la santé étant le jeu fonctionnel *régulier* d'organismes *sains* dans des milieux *normaux*, la maladie sera le *trouble* de ce même jeu fonctionnel, qu'il ait sa source dans *l'anormalité* des organismes ou dans la *viciation* des milieux. De là deux grandes classes étiologiques de maladies.

L'anormalité de l'organisme est originelle et native. Nous avons dit que les générateurs avaient pour but de quintessencier leur être en un nouveau produit semblable à eux ; si la ressemblance physique et morale des enfants avec les parents le prouve, l'hérédité morbide en témoigne malheureusement aussi. Il est établi en pathologie qu'un trop grand nombre d'états constitutionnels viciés, et d'affections diathésiques, sont transmissibles par la génération et transmis en réalité aux descendants. Une telle pathogénie est hors de toute contestation, tandis que j'avoue ne pas comprendre un « principe vital pouvant subir accidentellement ou *volontairement*, des modifications capables de changer la forme, la couleur et la vitalité des êtres ; » un « principe vital, point de départ d'un grand nombre de maladies de l'espèce humaine. »

En dehors de cette étiologie par hérédité, l'organisme peut-il être atteint de détérioration morbide, primitivement et spontanément, par le fait même de son fonctionnement, et indépendamment des milieux ou réactifs externes ? Le fait de la dégradation sénile est de nature à le faire croire. Toutefois, dans la sénilité il y a une déchéance d'ensemble graduelle et harmonique, si je puis ainsi dire, qui ne peut être assimilée à un état pathologique ; de plus cette usure naturelle, qui est bien, en effet, un résultat du fonctionnement organique, arrive à un terme à peu près fixe pour chaque espèce. Par conséquent une usure anticipée, l'hérédité étant hors de cause, est nécessairement imputable, d'une façon immédiate ou médiate, à une influence morbifique externe, aux milieux.

Il y a donc lieu de distinguer entre anormalité et lésion ; le premier de ces deux mots exprime, dans ma pensée, l'imprégnation morbide héréditaire du germe ; le second désigne l'altération matérielle résultant, soit de cette imprégnation même, soit de l'action morbigène des milieux viciés, ou enfin multipliée par la coïncidence de cette double influence nocive. J'ajoute que maladie et lésion se confondent au même titre que vie et organisation.

Cette dernière source de morbidité, les milieux, est tellement féconde, que l'on a pu dire, avec une apparence de raison, que la vie est « une lutte contre les causes extérieures de destruction, » ou encore, « l'ensemble des forces qui résistent à la mort. » D'après Bichat lui-même, la vie imprime au mouvement de la matière une certaine direction, en désaccord avec les lois de la physique et de la chimie.

Qu'il y ait, dans une certaine mesure, effort pour rétablir la régularité fonctionnelle troublée dans la maladie, cela est incontestable ; et c'est précisément un effet de la réaction organisante, de la loi vitale signalée ailleurs ; effort spontané si justement qualifié : nature médicatrice, la plus précieuse, l'indispensable auxiliaire de la thérapeutique.

Toutefois, si l'on considère, d'une part, les conditions presque infiniment variées de climat, d'habitat, de régime, de profession, etc., etc., qui influent sur l'organisme pour en déranger la santé; si, d'autre part, on tient compte des mille nuances de tempéraments indéfiniment multipliés par les croisements, on pressent quel vaste champ d'étude et d'action reste au médecin.

En tous cas, cet effort curatif, que je comparerais volontiers à la force attractive qui, après une série d'oscillations, ramène à la stabilité un corps dont l'équilibre a été dérangé, est momentané; la lutte n'est qu'accidentelle sous peine de se terminer fatalement par la défaite de l'organisme. Sans chercher ailleurs des arguments, la logique du Créateur m'est garante que, en règle, l'expansion organique qui constitue la vie, se fait en parfaite compatibilité avec les lois physico-chimiques édictées à côté.

III.

Parler de la mort, dans des pages consacrées à une question de biologie, peut paraître un contre-sens. Cependant, malgré la contradiction des termes, les deux choses sont connexes. Au reste il y a peu à en dire. La mort étant la négative de la vie, est la cessation définitive de cette dernière. Nous disons définitive, pour la distinguer de la suspension momentanée dont il a été parlé à propos de l'état organique statique, et qui est seulement l'apparence de la mort. Un organisme n'est réellement mort que lorsqu'il n'est plus viable.

La perte définitive de la viabilité survient par le fait d'une désorganisation pathologique ou accidentelle arrivée à une certaine puissance, ou bien par défaut des milieux vivifiants. Elle se révèle par la décomposition putride, laquelle est le seul signe certain de mort ; et les vingt mille francs du Marquis d'Ourches n'en feront pas trouver un plus infaillible et plus à la portée de tout le monde. Si nous étions moins pressés de nous débarrasser de nos morts, nous ne risquerions pas d'enterrer des vivants.

Les agents de la décomposition des organismes morts sont précisément la chaleur et l'humidité, ceux-là mêmes que nous avons constatés les initiateurs de la vie. Mais, ce qui semblera véritablement prodigieux, et comme une éclatante marque que la nature ne peut être surprise en contradiction, de cette décomposition, sous l'empire du réactif vivifiant, renaît la vie ! Aussi peut-on dire, sans métaphore, que la mort est pourvoyeuse de la vie : des myriades d'animalcules microscopiques sont engendrés sans transition dans ce milieu putride.

Si j'avais à prendre parti entre les croyants à la provenance des infusoires de germes semblables préexistants, et les adeptes de la génération spontanée, je dirais que malgré les expériences de Tyndall sur les poussières de l'air, et les conclusions de M. Pasteur, j'ai peine à concevoir une atmosphère tellement chargée de ces germes que nous devrions en être pénétrés par tous les pores ; plus volontiers penserais-je, avec Buffon et Bennett, que des molécules organiques désagrégées peuvent être vivifiées isolément ; un pareil mode de génération n'aurait, du reste, rien de spontané, les cellules dissociées devenant germes d'infusoires, et se comportant comme tels sous l'empire des agents vivifiants.

La vivification de molécules histolytiques, sans germes semblables préexistants, n'est-elle pas, d'ailleurs, réalisée dans les spermatozoïdes de la liqueur séminale ?

En terminant et pour condenser ce travail dans quelques propositions fondamentales, je dirai, sous forme de conclusions :

1° Le germe des êtres est un organisme, au même titre que l'individu qui en provient ; en d'autres termes : le germe et l'individu, tant au point de vue philosophique qu'au point de vue physiologique, se confondent en un seul et même être, à des phases successives de son existence ;

2° L'organisme germinal comporte une

phase d'inertie que j'ai qualifiée : état organique statique, qui implique l'aptitude à vivre, mais qui n'est pas la vie et ne peut l'engendrer spontanément ;

3° La vie est concomitante de l'organisation ;

Elle n'a pas son principe obsolu dans l'organisme ;

Ce principe réside dans la réaction des organismes, et d'éléments extérieurs vivifiants ;

Il est donc unique et universel, par conséquent distinct de la propriété évolutive des formes, dans les différentes espèces, laquelle propriété est inhérente à chaque germe en particulier, et son attribut exclusif ;

Enfin, comme toute réaction, ce principe est immatériel.

LE MOI

... Et quæ sit rerum natura requirit.
(OVIDE.)

Les intelligences sont variées d'aptitude et différentes de capacité, comme sont divers les caractères, les goûts, la moralité, etc.; c'est un fait qui s'impose à l'observation et domine la psychologie. Il n'y a d'égale à mon admiration pour les grands esprits qui ont si hautement traité de Religion, de Philosophie, de Morale, questions à jamais dignes d'exercer la pensée de l'homme, que ma surprise de rencontrer, sur un même objet, tant d'opinions dissemblables et souvent tout à fait contraires. De plus il n'est pas absolument rare de voir son propre sentiment se modifier et se transformer son jugement.

Cependant la vérité, accessible à la raison humaine, est en dehors et au-dessus d'elle ; par conséquent ce qui est variable et contingent, ce ne sont pas les objets dont peut connaître l'intelligence, mais bien les opinions des hommes et nécessairement la source de ces opinions même.

Si l'on admet que les opérations psychiques ont leur principe dans une essence immatérielle distincte du cerveau et ayant le gouvernement absolu de ce dernier, il faut conséquemment admettre aussi l'inégalité d'aptitude, la versatilité et la différence de capacité de ces essences. Car mettre cette diversité et cette mobilité sur le compte des qualités de la substance cérébrale, serait subordonner l'âme à la matière et déserter le spiritualisme pur.

Enfin nul n'ayant conscience du moi ovule, du moi embryon, voir du moi fœtus, et chacun sentant, avec le progrès de l'âge, l'accroissement de sa propre intelligence, jusqu'à une certaine limite, il faudrait inférer de là que l'âme, inconsciente aux premiers stades de la vie, s'est ensuite développée proportionnellement au corps.

En définitive on arrive à cette conséquence forcée : douer d'attributs essentiels à la matière, c'est-à-dire de diversité, de mutabilité et de croissance, des essences immatérielles de même nature, qui à ce titre, me semblent ne pouvoir être conçues autrement que égales et immuables.

Il n'est pas plus exact de dire que le cerveau sécrète la pensée. Assurément il ne serait pas difficile de constater des différences, parfois même assez notables, entre les cerveaux humains : différences de volume, de poids, de densité, de coloration, etc. Mais outre qu'il y a incompatibilité entre le fait matériel sécrétion, et l'immatérialité des phénomènes psychiques, pour assigner à cette variété des qualités physiques de la substance cérébrale la cause unique de la diversité des intelligences, il faudrait d'abord établir que l'organe de la pensée peut fonctionner *sponte suâ,* sans matériaux, ou si l'on veut, sans un élément excitateur spécial. Cette preuve faite, il resterait encore une hypothèse à faire admettre, c'est que toutes les idées, toutes les spéculations intellectuelles dont un cerveau est capable y sont incluses ou innées, c'est que tout savant, par exemple, naîtra avec son bagage scientifique complet. On sait ce qui en est.

Nos opinions ne peuvent porter atteinte à la vraie nature des choses, c'est ici le lieu de le redire ; ce qui est, est en dépit de l'idée que nous en avons ; et malgré nos protestations, ou à l'encontre des conséquences de nos doctrines, nous restons soumis aux lois essentielles qui, de par le Créateur, régissent notre être. S'il est jamais donné à l'homme de découvrir ces lois, en ce qui concerne la psychologie, il y parviendra, non en préconcevant des systèmes, mais en observant et scrutant l'intime nature.

I

L'ensemble des phénomènes physiologiques étant réductibles en une unité qu'on appelle la *vie*, les faits si multiples et, en apparence, si disparates du domaine psychologique peuvent être ramenés à une unité parallèle, qui n'est autre que le sentiment personnel de l'individualité : le MOI. Et le problème consiste à rechercher les conditions et le principe de ce fait psychique primordial.

Tout d'abord le principe du MOI est-il différent du principe de la *vie ?* ou au contraire, le principe de la *vie*, que nous avons montré unique et universel, est-il en même temps et forcément constitutif du sentiment de la personnalité ? La *vie* et le MOI sont-ils indissolublement solidaires ? Le MOI est-il conséquence inéluctable et permanente de la *vie ?*

Il est vrai que nous voyons la *vie* se manifester dans tout un règne d'êtres, les végétaux, sans que rien indique qu'ils soient doués de la conscience de leur individualité ; et tout ce qui a été dit et écrit sur l'âme des plantes peut avoir quelque mérite au point de vue poétique, mais n'est d'aucun poids en regard des procédés plus rigoureux de la science. Je ne veux pas, toutefois, débuter par un *à priori ;* il n'y a présentement pas plus de raison de nier que d'affirmer à à cet égard. Mais je me croirai le droit de contester que les plantes qui ont la *vie,* aient en même temps une *conscience personnelle,* si je parviens à distinguer ces deux principes dans l'homme, chez qui la prérogative du MOI est indiscutable.

On peut poser comme axiome que la manifestation du MOI à soi-même absorbe toutes les conditions du phénomène ; en d'autres termes, le MOI ne peut pas être sans en avoir conscience. Or, la vie commence, et une période indéterminée mais certaine de la vie intra-utérine s'achève, sans que cette conscience existe.

D'un autre côté, à partir de l'instant où l'ovule humain est vivifié, jusqu'au moment où cesse la viabilité, c'est-à-dire jusqu'à la mort, la vie est un acte absolument ininterrompu. A l'encontre de ce fait nous éprouvons une réelle discontinuité dans notre MOI : discontinuité journalière et normale, scandée par l'alternance de la veille et du sommeil ; discontinuité provoquée au moyen de l'hypnotisme anesthésique ou magnétique; enfin discontinuité accidentelle, dans tous les cas pathologiques où se produit ce que l'on nomme communément et fort justement perte de connaissance. L'interruption de la conscience d'être, dans ces diverses circonstances, est indéniable, car toutes les personnes ayant été soumises aux influences annihilantes (autres que le sommeil normal) ont toujours unanimement déclaré n'avoir eu alors ni le sentiment de ce qui se passait en elles, ni la sensation de ce qui existait autour d'elles, ni la notion du temps écoulé; et chacun me doit le témoignage que sa propre conscience s'évanouit au moment où l'être est envahi par le sommeil naturel. Si une lueur d'*égotisme* se reflète dans le rêve, outre qu'elle est un sentiment incomplet au sujet duquel je me réserve de m'expliquer, elle n'a pas d'ailleurs la durée intégrale du repos; un laps de transition existe toujours où la conscience de l'individualité n'est plus. Il en faut de toute nécessité conclure que nous subissons tous l'anéantissement momentané, périodique ou accidentel, de cette merveilleuse prérogative le MOI, sans que s'arrêtent la respiration et la circulation, sans que l'être cesse de vivre. En dernière analyse la *vie* est ininterrompue, le MOI est intermittent.

D'effets aussi essentiellement dissemblables il faut conséquemment remonter à des causes distinctes ; car une chose ne peut, en même temps, être et ne pas être, comme d'un principe unique ne peuvent sortir deux conséquences opposées.

II.

Mais si la *vie* ne suffit pas à donner à l'homme la connaissance de soi-même, quoi donc fournira les éléments de cette notion ? Il me semble logique de le rechercher dans la comparaison de la veille et du repos. La caractéristique différentielle de ces deux états devra nous dévoiler quelque élément au moins du fait psychique en question, puisque l'un le manifeste et l'autre l'exclut. Peut-être en pourrions-nous conclure, dès maintenant, que le principe du MOI n'est pas une entité ; mais n'anticipons point.

Il est d'une évidence obvie que l'homme à l'état de veille, est en rapport avec la nature ambiante, avec tout ce qui n'est pas LUI, par l'intermédiaire des sens. Successivement ou simultanément, d'une façon plus ou moins durable ou d'une manière périodique, les appareils sensoriels, suivant leur fonction, nous mettent en communication avec les modes variés de cette même nature, et de telle sorte que du réveil au sommeil, à l'état normal, il n'y a pas un seul moment où toute sensation quelconque fasse absolument défaut A quelque degré que ce soit, ne fût-ce que par un seul sens, nous sommes impressionnés sans la moindre interruption. Au reste les cinq sens universellement admis sont loin d'avoir tous la même importance, et il est possible de les classer d'après la prépondérance relative de leur rôle. A cet égard je pense n'être contredit par personne en assignant la première place à la vue, dont la vigilance incessante semble tout particulièrement affectée à spécialiser l'état de veille, et qui d'ailleurs est le plus directement influée lors du passage de la veille au sommeil, et *vice versa.*

Contrairement à ce qui se passe pendant la veille, le sommeil est caractérisé par l'absence de toute sensation objective, et il se constitue par l'effacement graduel de ces sensations même : la lumière s'éteint, tout son se tait, le tact cutané qui se résout en une agréable tiédeur ne survit pas longtemps ; à son tour il succombe, et dès lors JE n'existe plus, ou bien flotte dans le monde des rêves, jusqu'à ce que le retour également nuancé des sensations le fasse renaître. Il n'est pas inutile de faire remarquer ici que, soit au moment du sommeil, soit au moment du réveil, le sentiment du MOI passe par des phases graduellement atténuées ou accrues comme les sensations elles-mêmes. Relativement au MOI des rêves, je ne vois guère comment l'on pourrait faire admettre qu'il est le moindrement actif. Au reste je ne veux retenir présentement que sa coïncidence, pour ne pas dire tout de suite son intime connexité avec des sensations, lesquelles bien que purement subjectives, sont aussi incontestables que nettes, comme du reste dans l'hallucination, cette coïncidence venant confirmer la liaison à établir entre le MOI et les sensations à l'état de veille.

Cette corrélation admise, et sans préjuger la nature du rapport qui existe entre les deux phénomènes, il est possible de fixer dès maintenant l'époque de la vie où apparaît le MOI. Cela revient, en effet, à surprendre l'instant où le fœtus est arrivé à un degré de maturité suffisante pour éprouver une sensation, si obscure soit-elle. Il est permis d'induire que les mouvements actifs, résultant d'une sensation tactile (de gêne), marquent le moment de la vie où la personne commence à avoir la conscience d'elle-même, conscience aussi vague et éphémère que la sensation est élémentaire et fugitive.

III.

Qu'est-ce donc que la sensation? Définie par la philosophie : impression que l'*âme* reçoit des objets par les sens, la sensation est pour le physiologiste la perception par le *sensorium commune* (hémisphères cérébraux) des excitations extérieures à lui transmises par les nerfs sensitifs.

Dans ces deux façons d'envisager le phénomène, l'organe de la pensée quel qu'il soit, est tenu pour véritablement passif ; car ce langage fait entendre que la sensation, qui se confond dès lors avec le rapport physico-organique sensoriel, lui arrive toute faite et est simplement reçue par lui.

Une telle passivité est infirmée par l'observation. La dissemblance manifeste entre la sensation proprement dite et l'effet physique produit sur nos organes dit assez qu'il ne faut pas les confondre, et prouve que ce même effet physico-organique subit une transformation. Dans la vision, par exemple, le renversement de l'image qu'on s'est beaucoup, mais vainement, ingénié à concilier avec la vue droite, n'est-elle pas une flagrante démonstration de ce que je viens d'avancer ?

Mais qui est-ce qui modifie, rectifie, élabore en un mot ? Est-ce le cerveau, est-ce le MOI ? Ce ne peut être le MOI, à moins d'admettre qu'il agit inconsciemment, ce qui serait une contradiction, car il n'a nullement conscience d'un semblable travail. D'ailleurs JE voit sans se douter que l'image des objets se peint sur la rétine, et entend sans rien savoir des lois de l'acoutisque.

Le cerveau a-t-il donc la propriété d'engendrer des sensations ?

Les définitions relatées ci-dessus n'ont eu en vue que la sensation normale de la veille, dans laquelle la sensation et son objet se correspondent adéquatement. Il est cependant indispensable de compter avec la sensation anormale illusion, avec les sensations subjectives du rêve et de l'hallucination, enfin avec la sensation associée, toutes sensations que j'ai quelque raison de croire attribuables au cerveau lui-même.

L'illusion qui ne fait qu'accentuer la disparité déjà signalée entre l'impression physico-organique et la sensation, ne peut être imputée à un *moi* entité, sous peine de le réduire à l'absurde. Prétendre en effet que l'illusion est « l'interprétation fausse d'une sensation réellement perçue » est une antinomie. Cela suppose que la perception sensorielle précède l'illusion ou interprétation erronée ; en un mot cela implique une succession d'opérations psychiques dans un phénomène qui en comporte une seule. L'illusion et la sensation sont rigoureusement au même temps, ou plutôt l'illusion prend la place de la sensation même, et c'est sensation illusoire qu'il faudrait correctement dire. Par conséquent, supposées l'intégrité des organes des sens et la normalité de l'excitation physique, il n'y a pas d'autre alternative que celle-ci : ou reconnaître que frappé par une impression régulière le cerveau, s'il est malade, réagit faux, ce qui est aisément compréhensible ; ou admettre que l'entité immatérielle déraisonne, car on lui prête un tel jugement, par exemple : JE, percevant la sensation visuelle *chat*, interprète, c'est-à-dire conclut : *c'est un lion*, ce qui serait absurde.

Vient maintenant l'important témoignage de faits dont, jusqu'ici, aucune explication péremptoire n'a été donnée, et qui attestent, selon moi, que le cerveau possède effectivement la faculté d'opérer des sensations, je veux parler du rêve et de l'hallucination. Dans ces phénomènes, la réalité de la sensation est indéniable; également indéniable est l'absence d'excitation sensorielle, d'où la nécessité de distinguer l'une de l'autre. La définition spiritualiste est ainsi mise en défaut, aussi bien du reste, que celle de la physiologie : La matière de la sensation manquant, l'âme ne peut recevoir l'impression d'objets qui n'existent pas, et le centre cérébral ne saurait percevoir une excitation qui fait défaut. La sensation, dans ces cas, prend naissance du cerveau lui-même; et s'il restait dans l'esprit quelque hésitation, à cet égard, la sensation associée viendrait lever toute incertitude étant, elle, manifestement centrifuge, émanant du cerveau sollicité par une excitation de voisinage. Enfin lorsque j'aurai invoqué le témoignage de la sensibilité réflexe des mutilés, qui tient à la fois de l'illusion et de l'hallucination, j'aurai le droit de conclure que la sensation quelle qu'elle soit, est bien réellement un acte cérébral. A ne considérer que la sensation normale : excitation sensorielle en deçà du cerveau, sensation au-delà, voilà le terme où l'on puisse atteindre dans cette curieuse étude. Le fait intermédiaire nous échappe précisément parce qu'il est immatériel.

Un acte est en effet immatériel, n'ayant ni étendue ni durée, étant seulement dans le présent, c'est-à-dire dans un temps absolument indivisible. Ceci est une vérité qui s'impose, car je ne suppose pas que l'on confonde continuité et succession. A correctement parler, continuité s'applique à la matière étendue, le temps n'est que successif. Un acte en apparence continu est en effet une série d'actes.

Le rapport entre le MOI et la sensation est dès lors rigoureusement déterminable : n'étant pas avant la première, n'étant plus après la dernière sensation, il est donc dans l'acte sensoriel lui-même. Et en fait la sensation n'étant autre que la connaissance de ce qui n'est pas MOI, cette connaissance n'implique-t-elle pas la distinction de MOI qui connais d'avec le monde extérieur connu ? JE, est par conséquent *actuel* dans l'essentielle acception du mot, immatériel mais non entité. La succession des actes cérébraux reliés par la mémoire, comme nous le verrons plus loin, donne seule l'idée, je dirais presque produit l'illusion du MOI entité permanente.

Si l'on prend pour type et terme de comparaison le MOI normal de la veille, les MOI de l'illusion, du rêve, de l'hallucination, sans parler de celui des différentes sortes de délire, s'en distinguent visiblement et se distinguent entre eux, ce qui s'explique par la nature ou, si je puis ainsi dire, par la qualité de la sensation; le dédoublement de la conscience perd par là-même aussi de son étrangeté. Tandis que, au point de vue animiste, l'entité immatérielle serait nécessairement subordonnée aux vicissitudes sensorielles : tronquée et passive dans le rêve, abusée dans l'illusion, et le jouet des hallucinations, elle n'aurait pas même été toujours préservée d'aberration, dans la sensation normale de la veille, témoin le Pyrrhonisme.

Avec non moins de raison que : *je pense donc je suis*, l'on peut dire : *je vois*, *j'entends* etc. *donc je suis*; car la sensation emporte à la fois aussi bien la certitude de mon existence que celle de l'existence du monde extérieur. Cette double certitude est tellement personnelle (je suis tenté de dire tellement *égotique*) d'une part, si certainement et si intimement liée à l'acte cérébral sensation d'autre part, que la foi du songeur est aussi ferme qu'est tenace la croyance de l'halluciné.

Une conclusion ressort de cette première partie : le MOI ayant son principe dans une réaction cérébro-sensorielle, ce principe est postérieur et subordonné au principe de la vie.

IV.

Dans les phénomènes psychologiques proprement dits — sentiment intelligence, mémoire, volonté — le MOI a-t-il une semblable origine? Ou bien y a-t-il, à côté du MOI *sensoriel*, un autre MOI entité spirituelle, doué de facultés spéciales? Maissi plusieurs facultés étaient attributs essentiels d'une entité, celle-ci ne pourrait être sans la constante manifestation de tous ses attributs, JE serait simultanément et perpétuellement sentant, pensant, se souvenant et voulant. Il n'en est point ainsi. Outre que le MOI *psychique*, non plus que le MOI *sensoriel* n'est permanent, il ne sent, pense, se souvient et veut qu'alternativement et successivement. Aussi bien deux actes ne peuvent être en même temps. Si donc, comme l'indique d'ailleurs l'étymologie, les facultés en question sont en effet intermittentes, elles ne se peuvent manifester ni concevoir autrement qu'en actes; et il est dès lors permis de présumer que pensée, sentiment, mémoire, volonté, sont des manifestations cérébrales réactionnelles, analogues aux sensations associées, se révélant par JE sens, pense, me souviens ou veux.

A l'égard des sentiments :

Il peut arriver que les sensations

proprement dites restent frustes. Le plus souvent elles sont accompagnées de phénomènes physiologiques qui correspondent à des modes d'être particuliers du MOI, ou mieux à des MOI spéciaux. Tous les sentiments ont en effet leur expression corporelle dans la physionomie, dans l'attitude, dans les mouvements, les cris, dans le geste, en un mot. Entre le rire et les larmes qui sont les extrêmes de la série, l'analyse trouve à signaler, comme expressions nuancées du plaisir et de la peine, les palpitations de l'émotion qui ont fait attribuer au cœur, dans la langue des poètes, le privilége des sentiments tendres; la vultuosité de la colère; le tremblement de la la peur; l'horripilation de la frayeur ; la rougeur de la honte; la morosité de la tristesse; l'expansion indéfinissable, mais visible, sorte d'épanouissement de tout l'être par quoi il semble que le bonheur rayonne etc., etc.; tous ces phénomènes, dis-je, accompagnant les sensations de la vue, du toucher, de l'ouïe etc., ne sont-ils pas réellement des sensations associées ? De tels phénomènes ne sont pas le sentiment, cela est vrai, pas plus que l'image rétinienne n'est la sensation visuelle; ils sont du moins l'émanation et le témoignage irrécusable d'un acte cérébral, cela me suffit. Je m'en autorise pour placer le MOI *sentant* dans cet acte même dont les mouvements en question sont l'expression réflexe.

J'ajoute que cette expression réflexe est une condition obligée du sentiment, car si elle n'a pas lieu, à un degré quelconque, JE n'éprouve rien. Dira-t-on que c'est le MOI qui commande ces mouvements centrifuges ? Mais les deux sensations, directe et associée, sont immédiatement successives, au point de paraître simultanées, si bien qu'il n'y a pas temps pour intervenir. La meilleure raison d'ailleurs c'est que, le temps existât-il, dans bon nombre de cas, l'expression sentimentale étant pénible ou compromettante, si la chose était de son ressort, au lieu de l'effectuer, JE l'empêcherait plutôt. Ai-je besoin d'ajouter que, au contraire, il perpétuerait les impressions agréables ?

A côté de ces sentiments que j'appellerai physiologiques, il y a le sentiment moral du bien, du vrai, du beau, du juste. Comme les précédents, celui-ci est associé par des actes sensoriels : de l'opposition de deux sensations résulte un MOI acquiesçant ou répugnant dont l'impression actuelle est traduite par bon ou mauvais, vrai ou faux, beau ou laid, juste on injuste. Bonté, vérité, beauté, justice, sont par conséquent, des qualificatifs de la cause sensorielle, ne pouvant en être abstraits et restant forcément dans le domaine de la pensée concrète. C'est pourquoi, si l'on veut ne pas se payer de mots, beau idéal, par exemple, n'a de signification que incorporé dans une idée définie originaire elle-même d'un acte sensoriel primitif. Ces sortes de sentiments se confondant avec le MOI en un seul et même acte, il en résulte la personnalité de l'opinion. Ainsi s'expliquent la diversité des jugements et l'intensité des convictions, laquelle est corrélative de la certitude sensorielle. Il est donc strictement vrai de dire que si la vérité et la raison sont absolues en soi, en pratique et au point de vue humain, elles sont relatives au sentiment individuel.

De même que les sensations qui les provoquent, les sentiments sont fugitifs ou plus ou moins soutenus, passagers ou plus ou moins fréquemment réitérés, c'est-à-dire devenus habituels. Dans ce dernier cas, suivant que les actes sentimentaux sont expansifs ou dépressifs, ils impriment à la physionomie, à l'attitude, au geste un cachet spécial que les physiognomonistes savent parfaitement déchiffrer. Et si le sentiment a pour expression un acte perturbateur d'une fonction organique il peut s'ensuivre la compromission de cette fonction, voire une maladie véritable : on meurt de nostalgie. Au cas contraire, les sentiments sont en quelque sorte synergiques de la vie qui devient, de ce chef, et meilleure et plus longue : La gaieté fait du bon sang. Telle est, au vrai, l'origine de l'influence morale sur le physique.

Au demeurant le MOI *sentant* est dans un acte cérébral, c'est-à-dire encore et essentiellement *actuel*.

V.

Les opérations intellectuelles peuvent-elles être, à leur tour, réduites en actes cérébraux associés ?

La pensée se manifeste excellemment par la parole et le langage. Je n'ai pas à démontrer que la parole, élément du langage, est un acte cérébral. La preuve est faite. L'observation nécroscopique des aphasiques est même parvenue à circonscrire le territoire nerveux central affecté à cette fonction spéciale. Reste à voir comment cet acte est réflexe et associé, au sens physiologique des mots, contenant le MOI *intellectuel*.

Sans qu'il soit besoin de réaliser le programme expérimental renouvelé de Psammétique sur l'homme naturel, il est possible de prévoir le résultat d'une telle expérience. Il ne me semble pas douteux que, vivant en société suffisamment nombreuse et assez longtemps, l'homme naturel parlât... Non vraisemblablement une des langues anciennes ou modernes; mais il parlerait parce qu'il a été créé dans des conditions physiologiques et psychologiques telles que sa voix est spontanément articulable, comme le prouve le gentil gazouillement du bébé, et la parole naturellement associable aux sensations primitives, ainsi qu'on peut le vérifier chez l'enfant, aux lèvres de qui la vue d'un objet ou l'audition d'un son amène le nom, aussitôt connu, de la cause qui a déterminé la sensation.

Au reste, la langue une fois formée, l'observation des premiers développements intellectuels de l'homme au berceau nous montre que la parole, pour l'enfant, comme pour l'adulte une langue étrangère ou un mot inconnu, est d'abord une simple sensation auditive, laquelle est simplement reproduite par imitation, sans que l'enfant y attache et puisse y attacher le moindre sens.

L'imitation est par le fait l'actuation en quelque sorte réflexe des différents mouvements dont nous sommes témoins par l'entremise de nos sens. Ainsi actuons-nous le rire, les efforts, les baillements et en général les mouvements réputés contagieux : On sait ce que peut la contagion de l'exemple. Par l'audition d'un discours, par la lecture même, nous actuons pareillement les pensées de l'auteur ; à cette condition seulement nous le comprenons. Je constate ce fait de la reproduction, par imitation, de la parole aussi bien que des gestes, sans y insister davantage. Lorsque j'aurai dit que ce penchant naturel au premier âge n'est pas le privilége de l'homme, et que son origine n'est par conséquent rien moins que spirituelle, on devra m'en croire sur parole, pour ne pas m'obliger à rechercher dans un règne voisin, des exemples de cette disposition portée à un remarquable degré, et à établir ainsi une comparaison dont le moindre tort serait d'être irrévérencieuse : elle signalerait encore une analogie que M. Darvin ne manquerait pas de relever au profit du transformisme mais au grand préjudice de la dignité humaine.

Entendue ou émise, la parole en soi est donc un acte absolument fruste et ne comporte pas le MOI *intelligent ;* alors que la simple association de l'audition d'un nom avec la vue de l'objet désigné, la confrontation d'un mot inconnu avec un mot connu et synonyme, l'alliance particulière de deux ou d'un plus grand nombre de mots suffisent à susciter un MOI spécial : JE *comprends*. Il faut inférer de là que la signification des mots, autrement dit, la *pensée* qu'ils emportent ou apportent réside dans leur rapport avec des sensations, et dans leur relation mutuelle ; qu'elle ne peut donc être conçue antérieurement à eux ni sans eux.

Deux actes ne pouvant être à la fois, si deux ou plusieurs excitations sont simultanées ou immédiatement successives, il en résulte un acte plus ou moins complexe, véritable combinaison sensorielle qui établit les différents rapports des choses, et dont les éléments seront désormais tellement solidaires que la réactuation de l'un quelconque évoquera sûrement la pensée des autres ; d'où je conclus que la pensée réduite à cet état élémentaire appelé idée est elle-même associée au sens physiologique du mot. Aussi bien dans le travail de la pensée JE ne connais que l'idée présente ; celle qui suivra m'apparaît en surgissant *actuelle* à son tour.

De l'état en quelque sorte embryonnaire où ont dû naître la parole et l'idée, au développement qu'elles atteignent aujourd'hui il y a loin certes ! Mais pour arriver à ce degré de perfection elles se sont élevées par phases graduelles, combinées et associées presque à l'infini. La pensée incorporée dans le langage, celui-ci fixé au moyen de signes stables devenus l'écriture, ont fourni aux générations successives les matériaux du progrès qui s'accomplit de siècle en siècle, et qui est par conséquent moins le progrès de l'esprit humain que celui des arts, des sciences et de la philosophie : Poser la pierre angulaire d'un édifice n'est pas moins faire que en couronner le faîte.

L'association des paroles et des idées peut être tous les jours, pour ainsi dire, prise sur le fait. Qui n'a vu, dans une conversation, ce qui d'ailleurs fait son charme, un mot en changer capricieusement le cours ? Qui n'a éprouvé comme une course folâtre de la pensée rebondissant d'une idée à une autre avec une rapidité devenue proverbiale, mais dont la mémoire, toutefois, peut retracer le parcours, et montrer, malgré la distance et les détours, une évidente liaison entre le point de départ et le point d'arrivée. Combien plus fantastique est cette course dans le rêve où l'on ne prétendra pas que JE la dirige.

Pensée et langage sont d'ailleurs étroitement unis, ainsi que l'idée et la sensation. La pensée abstraite a besoin du langage pour être. C'est grâce à lui qu'elle a pu s'élever à des hauteurs sans cela inaccessibles, et jusqu'à la conception de Dieu créateur ; comme la pensée concrète qui a enfanté tant de merveilles artistiques, fait de si admirables découvertes, ne serait pas, n'eussent été d'abord les sensations primitives et proprement dites. Il n'y a pas par conséquent dans l'homme une essence immatérielle auto-phronétique indépendante des actes sensoriels et de l'acte verbal. Le MOI *intellectuel* ne se trouve que dans une pensée déterminée et actuée au moyen de la parole acte cérébral, ou dans une idée calquée sur une sensation.

VI

Quant à la mémoire, elle est essentiellement la réactuation d'actes cérébraux déjà accomplis ; mais réactuation spontanée, c'est-à-dire en l'absence de la cause externe et primitive de ces actes. Par exemple, l'idée d'un objet est une véritable actuation mnémosique de la vue, de l'audition, du toucher, etc., de ce même objet ; tellement que cette actuation réassocie même le sentiment correspondant à la sensation première. J'en tire en passant cet enseignement qu'un acte associé peut en associer d'autres à son tour. On voit par là quels horizons sont ouverts aux élucubrations intellectuelles, à l'imagination. La réflexion mentale d'une pensée est pareillement la réactuation mnémosique de sa formule même, c'est-à-dire des mots qui la contiennent.

La mémoire ainsi comprise est dans la logique des faits, bien mieux que la prétendue empreinte ou la mise en mouvement des molécules idéales. Ce que le cerveau a été provoqué, on pourrait dire montré à faire une fois, il le peut refaire spontanément. La preuve en est dans le phénomène du rêve, pendant lequel, livré à ses propres ressources, c'est-à-dire privé de toute communication avec le monde extérieur, il reproduit néanmoins les sensations, sentiments, paroles, associés en raisonnements, discours, vers, mélodie, peinture, suivant le travail intellectuel de la veille, travail qui devenu habituel a développé une réelle aptitude cérébrale. Combien de chefs-d'œuvre ne devons-nous pas, peut-être, à des conceptions enupniales ?

Pendant le sommeil le cerveau ne va-t-il pas jusqu'à reproduire des mouvements corporels et coordonnés avec une précision qui tient du prodige ? Comment expliquer autrement que par une réactuation mnémosique certains faits si extraordinaires de somnambulisme? Quels que soient donc les actes cérébraux, ils peuvent être réactués en suscitant un MOI particulier, le MOI *se souvenant.*

La mémoire est susceptible d'être cultivée et singulièrement développée. Or, le moyen que l'on emploie pour l'exercer, véritable gymnastique, vient encore en justification de ma manière de l'envisager. Il est en effet besoin d'entendre ou de lire un certain nombre de fois une série de mots, par exemple, pour les apprendre par cœur. Cela ne revient-il pas à réitérer une série d'actes sensoriels dans le but d'habituer le cerveau à les réactuer spontanément, sans le secours de la vue ou de l'ouïe, c'est-à-dire de mémoire?

Cette répétition, du reste, ne se peut faire que acte par acte. La mémoire la mieux douée est inapte à embrasser synthétiquement, je ne dirai pas une page, mais une phrase entière; les mots se succèdent associés et évoqués les suivants par les précédents. Ainsi les choses se passent-elles chez les enfants auxquels on fait apprendre et réciter des tirades qu'ils ne sauraient comprendre, soit dans leur propre langue, soit même dans une langue étrangère : c'est la mémoire sensorielle. Plus facile est la mémoire intelligente, l'association des mots et celle des idées se prêtant un mutuel concours.

Sur cette aptitude mnémosique du cerveau est fondée la vie intellectuelle, elle est la base de l'instruction à tous les degrés.

VII

J'ai dit que le MOI n'est pas toujours *voulant*. Il est évident en effet que le plus grand nombre de nos actions sont accomplies d'une manière directement réflexe, instinctivement, je préfère dire spontanément. Et c'est ici le lieu de faire remarquer que de la simultanéité du MOI avec la perpétration de l'acte cérébral qui l'inclut, résulte précisément la spontanéité de l'homme dans la manifestation de ses diverses facultés psychiques; la volonté ne fait pas exception.

Dans quelles circonstances est-elle donc appelée à agir et comment agit-elle ?

Si je ne m'abuse, volonté présuppose le MOI en suspens dans certaines occurrences que l'on peut ramener toutes à l'alternative : faire une chose ou faire une autre chose. Or, cet état suspensif ne peut être résolu que par la réalisation de l'un ou de l'autre terme du dilemme. La volonté n'est donc pas concevable hors de l'acte nerveux central qui met en jeu les moyens d'action, et ne peut consister dans JE *veux*. Combien alors serait-elle impuissante et combien défaillante, c'est-à-dire nulle !

La volonté est ainsi ramenée aux humbles proportions de la puissance si limitée de l'homme, en général, et de l'individu en particulier. JE *veux* est un acte verbal qui exprime et résume l'effort cérébral, l'attention (*ad tendere*), encore un MOI spécial, ce n'est pas la volonté. Celle-ci se confondant avec un acte nerveux central, la fréquente détermination dans un sens, créera l'habitude de faire bien ou de faire mal, en faisant disparaître, ou à peu près, le temps de la délibération, de l'indécision.

De là l'importance et la toute-puissance de l'éducation, tant par l'exercice du bien qui en développe l'accoutumance, en vertu de l'aptitude réactuelle du cerveau, que par l'enseignement moral qui, dans l'occurrence, suscitera, par association mnémosique, le MOI déterminé d'après les motifs de bien faire.

Ces considérations donnent la mesure d'influence qu'exercent les parents, les instituteurs, les gouvernements même sur la conduite des hommes. Heureux les enfants qui, au sein de la famille, ont sous les yeux de bons exemples pour alimenter leur instinct d'imitation, et entendent de sages préceptes destinés à devenir, grâce à la mémoire, des règles pratiques. Heureux les peuples dont les gouvernants se montrent moins préoccupés de donner satisfaction à des besoins factices de liberté, que soucieux d'assurer, par des institutions morales et des lois d'une bienfaisante sévérité, la paix intérieure et, sous sa tutelle, le travail honoré, source de tout bien.

Il ne faut pas confondre liberté et libre arbitre. Libre arbitre est vrai, liberté est faux. Libre arbitre suppose simplement absence d'influence oppressive, de contrainte extérieure ; ce qui veut dire que l'homme est libre dans la mesure des mobiles et moyens d'action qu'il a en soi-même : c'est la liberté interne, laquelle est inviolable et crée la responsabilité de l'individu vis-à-vis ses semblables et vis-à-vis la société. Liberté dans le sens absolu, liberté externe, signifie absence de toute prohibition quelconque, ce qui est moins qu'une utopie ; car, sous peine de luttes incessantes, et à moins d'abolir toute relation sociale, chose extra-naturelle, il faut une législation protectrice et nécessairement restrictive du cercle d'action individuel : La loi sanctionne la responsabilité inscrite dans le libre arbitre.

VIII

Il ressort avec évidence des pages qui précèdent que l'homme est éminemment éducable, sinon indéfiniment perfectible. Il a dans l'activité sensorielle et la propriété réactuelle de son cerveau, aidées de la parole, les conditions psychologiques de sa vie intellectuelle, comme il a en son germe les conditions physiologiques de sa vie physique : Les éléments, je dirais volontiers les aliments de l'une et de l'autre sont hors de lui : Voilà, avec les variétés organologiques, la source de la diversité des intelligences signalée au début de ce travail.

C'est sur le terrain pratique de l'éducabilité humaine que se rencontrent les doctrines opposées du spiritualisme et du matérialisme, payant, pour ainsi dire malgré elles, ou tout au moins à leur insu, tribut à la nature qui ne laisse jamais enfreindre ses lois. D'une part, en effet, tout en proclamant la liberté de l'âme, la première ne s'en rapporte pas à son initiative privée. Elle ne néglige pas, Dieu me garde de l'en blâmer, de cultiver l'homme par l'éducation, et d'édicter des préceptes restrictifs de cette liberté. D'autre part, la seconde n'est pas en reste de propagande, peu scrupuleuse de laisser les cerveaux de ses adversaires secréter en paix le spiritualisme.

Il me reste à résoudre une objection qui n'aura pas manqué d'être formulée dès les premières pages de ce travail. Qu'est donc cette doctrine si elle n'est matérialiste ? Cette doctrine étant, pour moi, l'expression de la vérité, peut-être ne devrais-je me préoccuper ni m'émouvoir de la qualification qui lui sera donnée. Toutefois il me semble légitime de soutenir que ma conclusion a seulement l'apparence du matérialisme. Car si c'est être matérialiste que poser la nécessité du cerveau, pour la manifestation de l'intelligence et du MOI, je ne vois guère comment le spiritualisme pourrait se disculper à cet égard. La doctrine exposée dans ces lignes, est immatérialiste en ce qu'elle considère les phénomènes psychologiques comme des actes. Or, assurément, de tels actes ne sont et ne peuvent être rien moins que matériels.

Relativement à la possibilité de faire effectuer des actes psychiques par la matière cérébrale, la question me paraît jugée. Ne voyons-nous pas tous les jours, la matière inorganique opérer des actes immatériels merveilleux ? De quel autre nom appellerez-vous l'attraction, l'électricité, le magnétisme ? Et combien plus admirables conséquemment les actes de la matière organisée, alors que l'ouvrier qui organise s'appelle Dieu créateur !

A un autre point de vue, je suis moins émerveillé de voir la matière, sous la main de Dieu, s'élever à des actes spirituels, que je ne serais scandalisé de penser qu'une essence spirituelle, émanation de Dieu même, pût s'abaisser vers la matière jusqu'à en devenir l'esclave. Et loin de se sentir humilié de ne pas partager avec la Divinité l'essentialité immatérielle, l'homme a plutôt lieu d'être fier d'avoir été placé, grâce à la perfection de son organisation, à la tête du monde créé, et reconnaissant d'avoir été gratifié du privilége de l'éducabilité intellectuelle et morale à un degré capable de lui inspirer l'amour du beau, la pratique du bien, et qui lui permette de rendre hommage au Créateur en travaillant à découvrir le secret de ses œuvres.

En résumé, j'ai essayé de montrer, dans ces quelques pages :

1° Le principe du MOI distinct du principe de la *vie* ;

2° Tous les phénomènes psychologiques réductibles en actes cérébraux primitifs et associés ;

3° Le MOI contenu dans ces actes ; étant donc, non une entité, mais un sentiment essentiellement *actuel* et *successif*, ayant son principe dans le rapport réactionnel du monde extérieur avec un organe spécial, le cerveau ;

Enfin, comme le MOI lui-même, ce principe immatériel.

Angers, Germain et G. Grassin, succ. de E. Barassé. — 1029-78.

www.ingramcontent.com/pod-product-compliance
Ingram Content Group UK Ltd.
Pitfield, Milton Keynes, MK11 3LW, UK
UKHW021620260726
13965UKWH00007B/1388

9 782013 048064